Chun-Min Kuo
Li-Cheng Chun
Chin-Yao Tseng

Um serviço inovador com robots de hospitalidade

Chun-Min Kuo
Li-Cheng Chun
Chin-Yao Tseng

Um serviço inovador com robots de hospitalidade

ScienciaScripts

Imprint

Any brand names and product names mentioned in this book are subject to trademark, brand or patent protection and are trademarks or registered trademarks of their respective holders. The use of brand names, product names, common names, trade names, product descriptions etc. even without a particular marking in this work is in no way to be construed to mean that such names may be regarded as unrestricted in respect of trademark and brand protection legislation and could thus be used by anyone.

Cover image: www.ingimage.com

This book is a translation from the original published under ISBN 978-3-659-85653-2.

Publisher:
Sciencia Scripts
is a trademark of
Dodo Books Indian Ocean Ltd. and OmniScriptum S.R.L publishing group

120 High Road, East Finchley, London, N2 9ED, United Kingdom
Str. Armeneasca 28/1, office 1, Chisinau MD-2012, Republic of Moldova, Europe
Printed at: see last page
ISBN: 978-620-7-75560-8

Conteúdo

Resumo

Objetivo - O objetivo deste estudo é identificar os factores que influenciam o desenvolvimento de robôs de serviço e aplicar uma mentalidade estratégica de inovação de serviço à indústria hoteleira em Taiwan.

Conceção/metodologia/abordagem - Foi aplicada uma abordagem de método misto, combinando um painel de peritos e entrevistas semi-estruturadas utilizando um inquérito de classificação SMART SWOT, para compreender as perspectivas dos proprietários de hotéis e dos peritos em robótica.

Conclusões - Foram recolhidos 53 itens relativos ao lado da procura do mercado hoteleiro, mostrando que o sector hoteleiro de Taiwan tem um bom potencial para implementar robôs de serviço. Foram recolhidos 61 itens sobre o lado da oferta do negócio, mostrando que este serviço de robótica pode ajudar os hotéis a lidar com o emprego sazonal e a utilização da mão de obra. A análise SWOT identifica "O divertimento e a curiosidade despertados nos consumidores podem reforçar a promoção dos robôs de serviço", "A falta de talento na integração de sistemas", "O envelhecimento da sociedade de Taiwan pode aumentar a procura de robôs de serviço" e "A China e os países do Sudeste têm vindo a cativar agressivamente os talentos no mercado global da robótica" como questões fundamentais.

Originalidade/valor - Poucos estudos investigaram o serviço de robótica para hotéis utilizando o modelo de inovação de serviços de seis dimensões. Este modelo ajuda a identificar seis factores e implica que este novo conceito de serviço pode posicionar os hotéis para competirem melhor, utilizando estratégias de TI e de marketing relacional.

Palavras-chave: Hotelaria, Serviço Inovador, Robots de Serviço, SMART SWOT

Capítulo 1. Introdução

1.1 Antecedentes e problema

O crescimento do turismo conduziu a uma rápida expansão do sector hoteleiro local, que está à procura de novas fontes inovadoras de vantagem competitiva (Gomezelj, 2016). Uma estratégia empresarial abrangente para apoiar a vantagem competitiva é formulada de forma sustentável numa série de domínios do conhecimento, incluindo marketing, processos operacionais, cadeia de abastecimento, finanças, recursos humanos e tecnologias da informação (Matthing et al., 2004; Michel et al., 2008). Estes domínios podem ajudar na construção de um quadro concetual para os novos serviços inovadores que podem ajudar os hotéis a competir no mercado empresarial proposto por den Hertog et al. (2010). Além disso, poucos estudos investigaram o serviço de robótica para hotéis usando o modelo de inovação de serviço de seis dimensões. Por conseguinte, este estudo investiga de que forma um serviço inovador com robots pode criar vantagens competitivas sustentáveis para os hotéis, utilizando o modelo de inovação de serviços de seis dimensões de den Hertog.

A natureza do trabalho no sector da hotelaria e restauração criou um número sem paralelo de postos de trabalho de nível de entrada com acordos de trabalho a tempo parcial ou flexíveis para emprego sazonal (Baum, 2006). Isto resultou na prestação de serviços de qualidade e em atitudes que são afectadas pelas emoções dos empregados da linha da frente inexperientes ou sem formação a tempo parcial (Lovelock et al., 2015; Nickson et al., 2005). Wei (2013) indica ainda que os empregos de nível básico, nomeadamente as tarefas de serviços não qualificadas, serão gradualmente substituídos pela tecnologia de automatização e robótica. Esta solução de tecnologia robótica pode permitir que os hotéis complementem os serviços humanos através da introdução de novas interfaces tecnológicas baseadas em funcionários no processo de prestação de autosserviço (den Hertog et al., 2010). Espera-se, portanto, que esta solução robótica proposta ajude os hotéis a lidar com a questão do emprego sazonal, que reflecte o recurso humano estratégico no modelo de inovação de serviços. Espera-se também que outros factores dimensionais contribuam e ajudem os hotéis a lidar com as questões de gestão e marketing que existem na indústria hoteleira há décadas (den Hertog et al., 2010; Gryszkiewicz et al., 2013; Lusch et al., 2008).

O artigo começa por descrever os serviços inovadores com robots no sector da hotelaria e a evolução dos robots de serviços de hotelaria. Em seguida, descreve a abordagem de métodos mistos utilizada neste estudo, que envolve um painel de peritos e entrevistas semi-estruturadas com um método qualitativo e um inquérito de classificação com um método quantitativo. Os resultados são analisados utilizando a técnica de classificação SMART SWOT. Os resultados e as conclusões são então apresentados e analisados.

1.2 *O objetivo do presente estudo*

Os objectivos deste estudo são os seguintes (1) compreender os pontos fortes, os pontos fracos, as oportunidades e as ameaças (SWOT) dos factores dos robôs de serviço e do atributo e escala da atitude de serviço; (2) determinar a classificação dos factores; (3) analisar seis dimensões da inovação de serviço em robôs de serviço; e (4) identificar os factores que influenciam o desenvolvimento de robôs de serviço e aplicar esta mentalidade estratégica à indústria hoteleira em Taiwan.

Capítulo 2. Revisão da literatura

2.1 Um serviço inovador com robots no sector da hotelaria

Uma abordagem de serviço inovadora que utiliza capacidades de TI procura continuamente melhores soluções para manter uma vantagem competitiva no sector da hotelaria (Bhatt e Grover 2005; den Hertog et al., 2010; Ottenbacher e Gnoth 2005). Esta abordagem pode ajudar os hotéis a competir, avaliando as capacidades de seis dimensões de den Hertog, incluindo um novo conceito de serviço, uma nova interação com o cliente, novos parceiros comerciais, um novo modelo de receitas e um novo sistema organizacional ou tecnológico de prestação de serviços (den Hertog et al., 2010). O modelo começa por sinalizar as necessidades dos utilizadores e as opções tecnológicas (den Hertog et al., 2010). A prestação de autosserviço através da tecnologia de robôs de serviço implica que esta tecnologia promissora pode melhorar a qualidade do marketing e da gestão de serviços, proporcionando novas formas de interação com clientes existentes e potenciais (Kim et al., 2013; Kokkinou e Cranage, 2015; Gronroos, 2007). Esta dimensão gera um sentido de oportunidades de mercado com novas tecnologias que podem ativamente permitir que os hotéis se adaptem ao ambiente em mudança e se diferenciem dos concorrentes (Bruni e Verona, 2009; Teece, 2007).

A dimensão seguinte é o novo conceito de serviço. Identifica o novo serviço ou valor que os hotéis pretendem criar para os seus clientes-alvo nas tecnologias de autosserviço (Frei, 2008). Esta dimensão explica as capacidades dinâmicas dos hotéis com base no plano estratégico que os hotéis irão executar em relação a um novo processo de proposta de valor para os seus clientes (Teece et al., 1997). As novas interacções com os clientes abordam a criação de valor para os clientes num determinado processo de interação de encontros de serviços (Bitner et al., 2000). A introdução de robots tecnológicos de autosserviço assenta na criação de valor: os clientes devem ficar satisfeitos através de benefícios como a curiosidade e a sensação de prazer (Kim et al., 2013). Esta dimensão explica que os clientes são criadores de valor no processo de prestação de autosserviço e que a nova tecnologia combinada com novos serviços pode criar um plano de marketing estratégico diferenciado (Vargo e Lusch 2004).

Os novos parceiros comerciais apresentam um conjunto de novos sistemas de cadeia de valor em que um novo serviço inovador é desenvolvido por uma rede de parceiros comerciais que se encontram numa integração vertical de recursos que apoiam ou se aliam para a criação de valor (Jacobides et al., 2006; Teece, 2007). Esta dimensão explica que o sucesso da solução robótica depende não só do apoio da produção a montante, mas também dos clientes a jusante que participam no processo tecnológico de autosserviço. Um novo modelo de receitas é uma dimensão importante que aborda o conceito de retorno do investimento e o objetivo fundamental da estratégia de marca (Johnson et al., 2008; Krishnan e Hartline, 2001). Esta dimensão explica que a avaliação dos modos de custo e lucro e os novos serviços inovadores com novas tecnologias devem ser calculados financeiramente antes da implementação.

Por último, um novo sistema de entrega organizacional é a nova estrutura da empresa que se adapta à nova forma de operações diárias com as competências necessárias (Ambrosini et al., 2009). Esta dimensão explica o desenvolvimento dos recursos humanos e o processo de aprendizagem que suporta novos serviços inovadores com novas soluções tecnológicas. Espera-se, portanto, que este modelo ajude os hotéis a competir no mercado empresarial, uma vez que é desenvolvida uma estratégia empresarial competitiva com base na avaliação dos factores de seis dimensões, que é o objetivo deste estudo.

2.2 *Evolução dos robots de serviços de hotelaria*

O foco do desenvolvimento de robôs de serviço passou do hardware para o nível da aplicação, à medida que a sociedade de consumo evoluiu e passou a exigir mais serviços de valor acrescentado dos robôs (Haidegger et al., 2013; Lee e Sabanovic, 2014; Zalama et al., 2014). Esta é uma tendência para os robôs de serviço, concebidos para executar tarefas num ambiente sem restrições e centrado no ser humano (Haidegger et al., 2013; Kwak e Park, 2012). Kwak e Park (2012) sublinham ainda que os robôs humanóides podem diminuir os custos de produção e aumentar a utilidade dos robôs de serviço, o que pode ser uma solução para a comercialização. Por exemplo, os robôs humanóides podem simplesmente fornecer direcções e orientações aos clientes na receção de um hotel (Mastrogiovanni e Sgorbissa, 2013). Mais importante ainda, os robôs humanóides são capazes de se deslocar no espaço de trabalho, uma vez que estão equipados com rodas e sistemas de controlo autónomos (Mastrogiovanni e Sgorbissa, 2013). Esta evolução oferece, consequentemente, uma imagem dos serviços inovadores que as soluções robóticas podem oferecer para ajudar os hotéis a lidar com a questão do emprego sazonal e da utilização da mão de obra.

De acordo com Haidegger et al. (2013) e Zalama et al. (2014), um sistema de controlo robótico requer três níveis de desenvolvimento, incluindo hardware, funcionalidade e serviço. O hardware refere-se à forma do design mecânico, que inclui o corpo do robô de serviço, o sistema de perceção (sensores) e o sistema de movimento (actuadores). A funcionalidade refere-se à arquitetura de software do sistema de controlo, que permite a navegação, o diálogo, o reconhecimento visual e vocal, os mecanismos de localização e mapeamento e a representação do conhecimento dos modelos mentais. O serviço refere-se ao valor acrescentado que um hotel pretende criar e fornecer aos seus clientes para manter uma vantagem competitiva.

O momento para a implantação generalizada de robôs de serviço em qualquer parte do ambiente hoteleiro dependerá de quando as limitações tecnológicas puderem ser resolvidas (Chin et al., 2014; Lopez et al., 2013; Zalama et al., 2014). Tais limitações estão relacionadas com o segundo nível de funcionalidade, que é a tecnologia de integração e as normas para o sistema de controlo robótico como um todo (Chin et al., 2014; Lopez et al., 2013; Zalama et al., 2014). Essa padronização reduzirá os custos de implantação da robótica, garantindo ao mesmo tempo a segurança, a baixa responsabilidade e a qualidade do desenvolvimento (Haidegger et al., 2013). Numa transição de fenómeno social-tecnológico, este desenvolvimento pode ajudar a redesenhar os modelos de negócio através de serviços de valor acrescentado (Brenner et al., 2013; Vargo e Lusch, 2008; Chesbrough, 2011; Bharadwa, 2013).

Embora a tecnologia robótica atual tenha algumas limitações, esta solução proposta pode permitir aos hotéis melhorar a sua eficiência operacional interna e os resultados de marketing externos. Espera-se que ajude os hotéis a melhorar o seu emprego sazonal e a utilização da mão de obra, uma vez que os robots de serviço são capazes de executar tarefas atribuídas, como cumprimentar os clientes. De facto, as pessoas que interagem atualmente com robôs de serviço aceitam a sua assistência e sentem uma sensação de diversão e prazer (Mann et al., 2015; Wood et al., 2013).

Capítulo 3. Método

3.1 O painel de peritos

Uma vez que este estudo explora serviços inovadores para hotéis e existe pouca literatura sobre a utilização de robôs de serviço, recorreu-se a um painel de peritos para identificar os factores que podem afetar o desenvolvimento de robôs em hotéis. Foram convidados três professores de robótica de universidades de tecnologia para analisar as oportunidades de mercado que utilizam tecnologias de robótica. O painel começou com a pergunta "qual é o ponto de vista a partir do qual devemos explorar a implementação de robots de serviço?" Chegámos a um consenso sobre os objectivos estratégicos e as capacidades de desenvolvimento, com base na perspetiva de mercado do lado da procura e da oferta, para os novos serviços de robótica. A pergunta de investigação é "Quais seriam as preocupações mais importantes se estivesse a considerar a introdução de robôs de serviço nos hotéis?" A fim de obter mais informações, o painel convidou ainda três especialistas em robótica e dois proprietários de hotéis, num total de oito especialistas. Chegámos a um segundo consenso sobre os seis factores que afectaram o desenvolvimento de robôs de serviço, com base no modelo concetual de inovação de serviços de seis dimensões de den Hertog.

Esta lista de consenso final foi confirmada por duas execuções do processo de discussão presencial do painel de peritos. Este processo foi realizado para garantir a validade e a fiabilidade do estudo através da triangulação, uma vez que os peritos do painel eram de diferentes áreas que produzem uma maior proporção de soluções de elevada qualidade e altamente aceitáveis do que os grupos homogéneos (Powell, 2003). Este painel de discussão foi realizado nos meses de maio e junho de 2013, como mostra a Tabela 1. Os seis factores estão listados e detalhados nas Tabelas

Quadro 1. Painel de peritos em robótica com académicos e profissionais

	Nome	Organização	Posição	Tempo
Académicos	A	Especialista em robótica	Professor	05-06/2013

	B	Especialista em robótica	Professor	05-06/2013
	C	Departamento de gestão hoteleira	Prof. Associado	05-06/2013
Profissionais	a	Instituto tecnológico	Especialista em robótica	05-06/2013
	b	Instituto tecnológico	Especialista em robótica	05-06/2013
	c	Instituto tecnológico	Especialista em robótica	05-06/2013
	d	Hotel	Proprietário do hotel	05-06/2013
	e	Hotel	Proprietário do hotel	05-06/2013

Quadro 2. Resultados da discussão do painel de peritos

<u>Lado da procura do mercado da hotelaria e restauração:</u>
Quais seriam as preocupações mais importantes se estivesse a considerar a introdução de robôs de serviço nos hotéis?
1. Apoio governamental:
Trata-se do apoio estratégico do governo de Taiwan à indústria da robótica.
2. Capacidade de desenvolvimento do mercado:
Isto refere-se à procura de robôs de serviço no mercado. Se os produtos robóticos não são populares em Taiwan, porque é que isso acontece? Que áreas da indústria robótica seriam mais lucrativas em Taiwan?
3. Desenvolvimento futuro do sector da robótica:
Isto refere-se ao desenvolvimento, operação e manutenção da robótica. Os fabricantes desenvolverão e possuirão as suas próprias patentes e soluções proprietárias?
<u>Lado da oferta da atividade:</u>
Quais seriam as preocupações mais importantes se estivesse a considerar a introdução de robôs de serviço nos hotéis?
4. Capacidade de desenvolvimento tecnológico:
Trata-se da comercialização, da capacidade de integração de sistemas e da cadeia de abastecimento da produção robótica.
5. Capacidade de angariação de fundos:
Isto refere-se à necessidade de os fabricantes obterem capital de investimento. Será que os fabricantes terão dificuldades em angariar fundos porque a indústria da robótica ainda está numa fase pouco desenvolvida?
6. Capacidade de desenvolvimento de talentos:

Trata-se do desenvolvimento do talento robótico dos fabricantes e da eventual necessidade de formação do pessoal?

3.2 Entrevistas semi-estruturadas com o inquérito SMART SWOT

Na segunda fase do estudo, foram realizadas uma série de entrevistas semi-estruturadas e o inquérito nos meses de junho e agosto de 2013, como mostra a Tabela 3. As técnicas SMART SWOT foram utilizadas em conjunto para melhorar a eficiência e a eficácia da recolha e análise de dados com base nos recursos limitados utilizados para o estudo. A técnica SMART é uma forma simples de fazer comparações e classificar prioridades (Edwards, 1971) que pode compensar as desvantagens da técnica SWOT, a técnica mais popular no desenvolvimento de planos estratégicos (Glaister e Falshqw, 1999).

Vinte peritos em robótica, diferentes dos peritos anteriores, foram convidados a participar neste estudo. Estes incluíam académicos, institutos nacionais de investigação em tecnologia industrial, laboratórios nacionais de investigação em mecânica e sistemas, fabricantes e proprietários de hotéis. O processo de entrevista começou com os peritos académicos, seguidos dos profissionais do sector hoteleiro. Os peritos académicos e os profissionais do sector hoteleiro foram depois entrevistados repetidamente, o que gerou uma visão equilibrada e ponderada para a análise de conteúdo. A entrevista começou por pedir ao perito académico que enumerasse os itens em resposta a cada um dos pontos fortes, pontos fracos, oportunidades e ameaças (SWOT) dos factores. Pediu-se também aos participantes que classificassem os itens que enumeravam numa escala de 1 a 10, em que "1" representava "menos importante" e "10" representava "mais importante". As respostas de todos os participantes foram somadas e os totais foram utilizados para classificar os itens dos factores. Estes resultados são apresentados na secção seguinte e constituem a base das recomendações deste estudo para serviços inovadores utilizando robôs na indústria hoteleira de Taiwan.

Quadro 3. Entrevista com 20 especialistas em hotelaria e robótica

	Nome	Organização	Posição	Tempo
Académicos	A	Departamento de gestão hoteleira	Prof. Associado	06-08/2013
	B	Departamento de gestão hoteleira	Prof. Associado	06-08/2013
	C	Departamento de gestão hoteleira	Prof.	06-08/2013
	D	Departamento de gestão de F&B	Prof.	06-08/2013
	E	Departamento de gestão F & B	Palestra	06-08/2013
	F	Especialistas em robótica	Professor	06-08/2013
	G	Especialista em robótica	Professor	06-08/2013
	H	Especialista em robótica	Professor	06-08/2013
	I	Especialista em robótica	Professor	06-08/2013
	J	Especialista em robótica	Prof. Associado	06-08/2013
Profissionais	a	Divisão F/O	Diretor	06-07/2013
	b	Divisão F/O	Diretor	06-07/2013
	c	Divisão F & B	Diretor	06-07/2013
	d	Divisão F/O	Diretor	06-07/2013
	e	Hotel	Proprietário do hotel	06-07/2013
	f	Especialista em robótica	Professor	06-07/2013
	g	Institutos tecnológicos	Especialista em robótica	06-07/2013
	h	Institutos tecnológicos	Especialista em robótica	06-07/2013
	i	Laboratórios de sistemas	Especialista em robótica	06-07/2013
	j	Laboratórios de sistemas	Especialista em robótica	06-07/2013

Capítulo 4. Resultados e discussão

Foram identificados seis factores que influenciam o desenvolvimento de robôs de serviço na indústria hoteleira de Taiwan. A investigação sobre o desenvolvimento estratégico do negócio foi efectuada utilizando a análise estratégica SMART SWOT. Nos resultados, foram recolhidos 53 itens do lado da procura da perspetiva do mercado da hospitalidade (Quadros 4 a 6), enquanto foram recolhidos 61 itens do lado da oferta da perspetiva empresarial (Anexos A a C). Estes itens são discutidos por ordem de prioridade na secção seguinte e constituem a base das recomendações deste estudo para o desenvolvimento de robôs de serviço pela indústria hoteleira em Taiwan.

Os resultados da Tabela 4 indicam que o sector hoteleiro de Taiwan tem um bom potencial para implementar robôs de serviço, uma vez que o sector da robótica é uma indústria importante apoiada e financiada pelo governo (Chen, 2011). O sucesso das soluções de robótica dependeria, assim, da posição estratégica que os hotéis pretendem adotar no mercado empresarial (Barrett et al., 2015; Melian-Gonzalez e Bulchand-Gidumal, 2015). Isso pode incluir o marketing voltado para o aumento da satisfação do cliente, o aprimoramento do relacionamento com o cliente e a expansão para novos mercados (Bitner et al., 2002; Scherer et al., 2015). Mais importante ainda, a execução prática das campanhas de marketing deve ser focada e melhorada, pois este é um fator-chave para o sucesso dos serviços inovadores com a nova tecnologia robótica (Bitner et al., 2002; Scherer et al., 2015).

Quadro 4: Apoio governamental

Pontos fortes	Classificação	Pontos fracos	Classificação
1. O Ministério dos Assuntos Económicos tem orçamentado a promoção das indústrias da automação inteligente e da robótica ao longo dos anos.	1	1. O governo tem-se concentrado mais nos robôs industriais do que nos robôs de serviço.	1
2. O governo apoia a indústria	2	2. A política governamental carece de um plano de ação	2

da robótica.		estratégico, o que resulta na ausência de execução.	
4. O Governo tem continuado a apoiar a colaboração entre o meio académico e a indústria para a investigação e o desenvolvimento da tecnologia robótica.	3	3. Não existe uma estratégia tecnológica alargada; a ênfase é colocada na indústria transformadora.	3
3. O governo ofereceu uma variedade de subsídios preferenciais e programas de desenvolvimento.	4	4. As empresas de pequena e média dimensão não conseguem facilmente obter um grande apoio financeiro para o seu desenvolvimento tecnológico devido aos subsídios preferenciais atribuídos pelo governo.	4
Oportunidades	Classificação	Ameaças	Classificação
1. Os programas de automatização inteligente têm sido promovidos de forma agressiva para encorajar os investidores a financiar a indústria de robôs de serviço.	1	1. A fuga de cérebros de talentos de alto nível é um grande desafio que precisa de ser enfrentado.	1
3. As competências dos profissionais do sector da robótica podem ser promovidas através de programas de incentivo, como o financiamento de cursos de robótica nas escolas ou a criação de institutos nacionais de investigação e desenvolvimento no domínio da robótica.	2	3. O governo reage lentamente para evitar o surgimento de um grande fosso entre Taiwan e os países avançados.	2
4. O governo pode promover um plano de desenvolvimento de robots através de programas de incentivo à indústria.	3	4. Taiwan tem sido preterido no desenvolvimento de robôs de serviço, uma vez que a sua tecnologia está mais de cinco anos atrasada em relação ao Japão e à Coreia.	3
2. A indústria madura de IPC	4	5. Os governos estrangeiros	3

de Taiwan oferece um ambiente justo no qual as empresas podem competir.		investiram uma grande quantidade de recursos nas suas indústrias de robótica, o que acelera o desenvolvimento da tecnologia robótica.	
5. O governo pode atrair mais financiamento de capital para a indústria da robótica, adquirindo e empregando robôs de serviço para o sector público.	5	2. As mudanças dos partidos no poder influenciam a política.	5

O quadro 5 indica que a procura de robots de serviço em Taiwan deverá aumentar devido ao envelhecimento da população e à baixa taxa de natalidade. Os robôs podem ajudar os hotéis a lidar com as questões do emprego sazonal e da utilização da mão de obra. Esta conclusão é consistente com Gorle e Clive (2013), que concluíram que o desenvolvimento de robôs de serviço pode criar novos negócios à medida que mais empresas compreendem a importância da aplicação de robôs. Os robôs com um design de interface semelhante ao humano podem criar diversão, prazer e curiosidade para os clientes, e os países asiáticos preferem robôs com uma aparência humana e um rosto expressivo (Lee e Sabanovic, 2014). Isto estabelece uma base para a formulação de campanhas de marketing estratégico que os hotéis podem criar para mercados específicos com novos clientes (Bitner et al., 2002; Scherer et al., 2015).

Quadro 5: Capacidade de desenvolvimento do mercado

Força	Classificação	Fraqueza	Classificação
1. As empresas de pequena e média dimensão estão gradualmente a compreender a importância da indústria da robótica inteligente.	1	2. Os robôs de serviço não são fáceis de operar, uma vez que os sistemas de robôs são difíceis de integrar e a conceção da interface é industrializada.	1
5. O divertimento e a curiosidade despertados nos	1	1. A procura de robôs de serviço não é	2

consumidores podem reforçar a promoção dos robots de serviço.		suficientemente forte.	
2. A prosperidade do sector das TI aumenta a procura no mercado interno.	3	3. O custo e os preços dos robots de serviço não podem satisfazer as expectativas dos consumidores.	3
3. A paixão e as expectativas em relação aos robôs de serviço continuam a existir.	4	4. A procura de robôs de serviço no mercado não pode ser impulsionada devido à falta de formação e de promoção.	4
4. Os custos de mão de obra podem ser reduzidos.	4	5. O mercado é um mercado de nicho, o que influencia as intenções dos investidores.	5
Oportunidades	Classificação	Ameaça	Classificação
1. O envelhecimento da sociedade de Taiwan pode aumentar a procura de robots de serviço.	1	1. A Coreia é mais agressiva do que a China no desenvolvimento de robots de serviços.	1
2. O envelhecimento da população e as baixas taxas de natalidade podem diminuir a mão de obra e aumentar as oportunidades de emprego na indústria dos robots de serviços.	1	2. A conceção dos robôs de serviço não corresponde às necessidades dos consumidores, o que os leva a não quererem utilizar robôs de serviço.	2
3. As máquinas de limpeza robotizadas satisfizeram as expectativas da maioria das pessoas.	3	4. Os fabricantes na China estão a empregar uma estratégia de preços baixos para ganhar mais quota de mercado.	3
4. O desenvolvimento de robots de serviço é reforçado pela presença de indivíduos que combinam as competências de conceção de interfaces, conceção de moda e integração de sistemas.	4	3. Não existe uma boa aplicação dos robots de serviço, pelo que as pessoas não compreendem os seus benefícios. Isto cria um grande fosso entre as expectativas e a realidade.	4

A Tabela 6 indica que o desenvolvimento de robôs de serviço para hotéis em Taiwan pode ser realizado de forma prática e sustentável, uma vez que as aplicações dos serviços de robótica têm estimulado cada vez mais a procura de robôs de serviço de hotelaria (Zalama et al., 2014). Embora os hotéis enfrentem desafios na integração de sistemas e questões de controlo, os clientes podem perceber o valor da diversão e do prazer quando interagem com robôs de serviço autónomos (Haidegger et al., 2013; Zalama et al., 2014). Estas conclusões apoiam os hotéis com campanhas de marketing que se podem concentrar estrategicamente na criação de ligações que aumentem as oportunidades de envolvimento com potenciais clientes, em vez dos serviços que efetivamente oferecem. Ou seja, as relações com os clientes desenvolvem-se quando estes estão envolvidos e participam no processo de criação de valor (DiPietro e Wang, 2010; Gronroos e Ravald, 2011; Scherer et al., 2015).

Quadro 6: Desenvolvimento futuro da indústria robótica

Pontos fortes	Classificação	Pontos fracos	Classificação
1. Cada vez mais fabricantes são capazes de colaborar com a indústria de instrumentos de precisão e com a cadeia de abastecimento das TIC, o que é útil para o desenvolvimento de robôs inteligentes.	1	1. Falta de investimento por parte da indústria.	1
2. Os fabricantes de Taiwan podem produzir com competência componentes para robots e podem colaborar no desenvolvimento de robots com organizações privadas ou governamentais.	2	2. Falta de talento na integração de sistemas.	1
4. Taiwan detém uma posição de liderança mundial em algumas áreas das indústrias mecânica e eletrónica.	3	3. Falta de formação profissional.	3

3. Taiwan produziu um grande número de pessoas que possuem as competências necessárias na indústria da robótica e que podem trabalhar em conjunto para desenvolver produtos robóticos.	4	4. Incapacidade de produzir componentes-chave dos robots, bem como falta de capacidade para fabricar robots de qualidade e comercializá-los.	4
Oportunidades	Classificação	Ameaças	Classificação
1. A procura de robots no sector da hotelaria e restauração está a aumentar gradualmente.	1	2. A procura do mercado não é suficientemente elevada e os fabricantes não o apoiam, o que resulta em poucas intenções dos consumidores de adoptarem robôs de serviço.	1
2. O desenvolvimento de robôs industriais transformou-se no desenvolvimento de robôs de serviço.	2	1. Os concorrentes de outros países, como o Japão, a América e a Europa, são dominantes no mercado da robótica.	2
4. Existe a possibilidade de promover talentos no domínio do design e da mecânica da moda.	3	4. A forte concorrência no mercado internacional de tecnologia de componentes gera baixos custos dos produtos.	3
5. A capacidade de integração de software e hardware pode ser reforçada e, eventualmente, estabelecer uma plataforma para a aquisição de um pequeno número de produtos.	3	3. As vantagens de integração da China excedem as de Taiwan.	4
3. Os fabricantes de componentes têm a oportunidade de aumentar a sua capacidade tecnológica.	5		

Para o fator capacidade de desenvolvimento tecnológico, foram recolhidos 19 itens para a tabela SWOT (ver Anexo A). O principal item da dimensão força é "As faculdades de tecnologia e as organizações privadas têm uma boa reputação na investigação e desenvolvimento das TIC e na indústria de semicondutores". O principal item da dimensão fraqueza é "A colaboração entre o meio académico e a indústria precisa de ser reforçada." O principal item da dimensão oportunidade é "O financiamento do governo é útil para melhorar a capacidade de investigação e desenvolvimento de robôs de serviço." Por último, o principal item da dimensão ameaça é "Os concorrentes dos Estados Unidos, do Japão e dos países europeus têm níveis de tecnologia robótica superiores aos de Taiwan."

Estes resultados indicam que Taiwan tem capacidade para fabricar robôs de serviço para uso doméstico e que todos os elos da cadeia de fornecimento de tecnologia podem apoiar a conceção personalizada de robôs de serviço a um preço razoável. Isto cria vantagens para Taiwan, uma vez que os clientes se sentem frustrados com tecnologias de conceção deficiente que são difíceis de utilizar ou compreender (DiPietro e Wang, 2010; Kim et al., 2013). É importante que a oferta de um design de fácil utilização possa reduzir o nível de esforço dos clientes e

a ansiedade em relação à tecnologia

(Kim et al., 2013). Esta capacidade é o resultado da indústria de TI

altamente desenvolvida

de Taiwan e

da viabilidade financeira dos robôs de serviço que estão a tornar-se cada vez mais aceitáveis nos sectores dos serviços. Os hotéis podem, assim, usufruir de robôs de serviço com um design moderno, que provavelmente será atrativo para os fãs da tecnologia e para as famílias com crianças (Haidegger et al., 2013; Kwak e Park, 2012).

Para o fator capacidade de angariação de fundos, foram recolhidos 20 itens para a tabela SWOT (ver Apêndice B). Os dois principais itens da dimensão "pontos fortes" têm a mesma pontuação: "A indústria da robótica é uma indústria atractiva e potencialmente próspera, que pode impulsionar a procura no mercado interno" e "A abundância de financiamento governamental pode apoiar empresas de média e grande dimensão com uma variedade de projectos de investigação que aliviam o peso das despesas de investigação e desenvolvimento". O principal item da dimensão fraqueza é "Não é fácil obter financiamento porque o desenvolvimento atual de robôs não é significativo, o que reduz as intenções de investimento das empresas". O principal item da dimensão oportunidade é "Os dois anos mais recentes de projectos de robôs inteligentes conduzidos pela Hon Hai Corporation reforçaram o desenvolvimento da indústria robótica." Por fim, os dois principais itens da dimensão ameaça têm a mesma pontuação: "A intenção de investimento não é suficientemente forte, uma vez que a escala do mercado de Taiwan é bastante pequena" e "As empresas de pequena e média dimensão não têm capital suficiente para o desenvolvimento de robôs e não conseguem cobrir os custos das operações comerciais."

Estes resultados indicam que os robots de serviço utilizados na indústria hoteleira são esperados em breve, porque se trata de um novo e próspero modelo de receitas que atrai investidores globais, resultando em reduções de custos no desenvolvimento (Bilgihan et al. 2011; Ip et al., 2011; Melian-Gonzalez e Bulchand-Gidumal, 2015). Um investimento poderia assim ser recuperado num período de tempo aceitável, uma vez que as despesas de emprego, gestão de pessoal e custos de formação têm ameaçado cada vez mais a rentabilidade das empresas (Bilgihan et al. 2011; Melian-Gonzalez e Bulchand-Gidumal, 2015). No entanto, as pequenas e médias empresas podem estar preocupadas com o facto de um elevado nível de operação e manutenção da tecnologia, que resulta num elevado nível de investimento de capital, ser incomportável. Espera-se que, quando os custos das operações comerciais dos robôs de serviço se tornarem razoáveis e aceitáveis, os hotéis adoptem rapidamente os robôs.

Para os resultados do fator capacidade de desenvolvimento de talentos, foram recolhidos 22 itens para a tabela SWOT (ver Apêndice C). O principal item da dimensão "pontos fortes" é "O sistema de ensino superior de Taiwan promoveu eficazmente o desenvolvimento de produtos robotizados, o que produz muitos especialistas nos domínios da engenharia mecânica e eléctrica e das tecnologias da informação e da comunicação". O principal item da dimensão dos pontos fracos é "Não há oportunidades de emprego suficientes para a utilização de robôs, uma vez que a indústria da robótica em Taiwan se encontra numa fase preliminar." Os dois principais itens da dimensão oportunidade têm a mesma pontuação: "A concorrência prática na indústria da robótica em Taiwan criou oportunidades de colaboração entre a indústria (por exemplo, a Hon Hai Corporation) e o meio académico, promovendo assim o talento no domínio do desenvolvimento de robôs" e "A tendência para o aumento da robótica e da automação inteligente aumenta as oportunidades de emprego no fabrico de robôs". Por último, o principal item da dimensão ameaça é "Concorrentes como a Coreia e a China têm obtido gradualmente talentos no domínio do desenvolvimento de robôs."

Estes resultados indicam que os hotéis em Taiwan têm um grande potencial para oferecer serviços inovadores com robôs, uma vez que existe uma gama de talentos robóticos disponíveis para apoio técnico nos hotéis, uma vez que a falha tecnológica é a principal causa de insatisfação dos clientes (Bitner et al., 2002). Embora os clientes apreciem a diversão e o prazer dos robôs de serviço, esses valores percebidos são subitamente perdidos quando eles falham (Kim et al., 2013). Além disso, os hotéis terão de implementar um programa abrangente de gestão e desenvolvimento de talentos para proteger a propriedade intelectual dos criadores e evitar o problema da fuga de cérebros. Isto deve-se aos elevados custos de formação dos engenheiros que desenvolvem, operam e fazem a manutenção dos robôs de serviço e à sua perda para outros mercados, nomeadamente para a China, que tem vindo a cativar agressivamente os talentos da robótica mundial.

Capítulo 5. Conclusões

O SMART SWOT poderia fornecer um método sistemático para o desenvolvimento de uma estratégia empresarial competitiva. Estas técnicas são complementares e, em conjunto, podem representar uma abordagem útil para a investigação nos domínios da inovação e da estratégia. Além disso, o modelo de inovação de serviços de seis dimensões ajuda a identificar seis factores que influenciam o desenvolvimento de robôs de serviços para a indústria hoteleira em Taiwan. Três deles, o apoio governamental, a capacidade de desenvolvimento do mercado e o desenvolvimento futuro da indústria robótica, estão associados ao lado da procura do mercado da hotelaria. Os outros três, capacidades de desenvolvimento tecnológico, angariação de fundos e desenvolvimento de talentos, estão associados ao lado da oferta do negócio. Estes factores podem fornecer aos hotéis uma visão estratégica de um serviço inovador quando consideram a implementação de soluções de robôs de serviço.

5.1 Implicações teóricas

Este estudo mostra que o modelo de inovação de serviços de seis dimensões que utiliza robôs de serviço é um modelo inovador, que pode gerar uma estratégia para a competitividade sustentável dos hotéis. O uso de tecnologia de autoatendimento, como os robôs de serviço, proporciona uma nova forma de interação com o cliente e experiência de serviço para os hotéis e pode ser capaz de melhorar o atendimento ao cliente e a produtividade da empresa (Kim et al., 2012; Melian-Gonzalez e Bulchand-Gidumal, 2015). Além disso, esse novo conceito de serviço pode posicionar os hotéis para competir melhor usando TI e estratégias de marketing de relacionamento (Gronroos e Ravald, 2011; Melian-Gonzalez e Bulchand-Gidumal, 2015). A personalização da robótica com um design de interface semelhante ao humano é significativa para atrair um mercado específico de novos clientes (Scherer et al., 2015). Os clientes podem criar o seu valor no processo de autosserviço quando interagem com os robôs de serviço por uma questão de diversão, prazer e curiosidade (Gronroos e Ravald, 2011). Embora a tecnologia robótica atual possa não ser capaz de complementar diretamente o serviço humano completo, a capacidade de atrair clientes existentes e potenciais pode contribuir indiretamente na perspetiva das estratégias de marketing (Barrett et al., 2015; Johnson et al., 2008; Kindstrom et al., 2013).

Em relação ao valor do sistema da cadeia de abastecimento, este estudo também mostra que o sucesso dos robots de serviço depende da existência de uma forte plataforma de integração vertical de redes e recursos empresariais de TI. As vantagens da cadeia de abastecimento de TI de Taiwan podem apoiar uma solução robótica acessível com um design personalizado e de fácil utilização (Kim et al., 2013; Kwak e Park, 2012). No entanto, o investimento em robôs de serviço é atualmente dispendioso, o que restringirá o desenvolvimento de robôs de serviço, em especial para as pequenas e médias empresas. Este facto é demonstrado pelo retorno do investimento em TI dos hotéis e pelo seu desempenho (Bilgihan et al., 2011; Melian-Gonzalez e Bulchand-Gidumal, 2015). Por último, a formação necessária para os funcionários e o recrutamento de novos funcionários, nomeadamente para o apoio técnico, é um fator determinante para o êxito da implantação de robôs de serviço. O insucesso dos serviços prestados pelos robôs de serviço pode afetar seriamente a satisfação do cliente e o desempenho do hotel (Kim et al., 2013; Melian-Gonzalez e Bulchand-Gidumal, 2015).

5.2 Implicações práticas

De um ponto de vista prático, os hotéis podem considerar a implementação de robots de serviço através da comercialização de uma imagem de marca que mostre que são hotéis inovadores em termos de TI. Isto poderia ajudar os hotéis a melhorar as suas relações com os clientes actuais e a alcançar novos clientes. Inicialmente, os hotéis poderiam instalar robôs de serviço autónomos nos átrios do hotel para cumprimentar os clientes, transportar bagagens para os clientes, operar serviços de check-in/out para os clientes e fornecer informações sobre as instalações do hotel, locais e actividades de eventos. Isto poderia surpreender os clientes actuais, que podem achar que estas actividades são divertidas, emocionantes e agradáveis. Poderá também atrair novos clientes que sejam fãs de tecnologia e famílias com crianças. Poderá ser necessário que o pessoal de TI acompanhe os robôs de serviço no local quando for necessária assistência.

A comercialização de hotéis como inovadores em termos de TI é uma estratégia a curto prazo. Uma estratégia a longo prazo pode considerar a questão do emprego sazonal e da utilização da mão de obra. Isto reflecte o valor do investimento financeiro na tecnologia robótica como solução para os problemas de mão de obra, o que, por sua vez, tem problemas complicados de integração e controlo do sistema. A procura crescente de mão de obra proveniente de robôs de serviço é importante, uma vez que os países desenvolvidos enfrentam o envelhecimento da população e baixas taxas de natalidade.

No que respeita à gestão de talentos, os hotéis devem considerar a possibilidade de garantir a contratação de trabalhadores especializados nas áreas de integração de sistemas, mecânica e engenharia eléctrica. Estes funcionários podem ter custos de formação e desenvolvimento elevados ou ser difíceis de recrutar devido à sua escassez. Mais importante ainda, a ameaça da Coreia, da China e de outros países de caçar agressivamente talentos no mercado global da robótica pode condicionar o desenvolvimento futuro da indústria da robótica em Taiwan.

5.3 *Limitações e investigação futura*

Serão abordadas várias limitações e outras sugestões de investigação. Em primeiro lugar, o retorno do investimento no desenvolvimento de robots de serviço não foi detalhado neste estudo. Este facto sugere a necessidade de mais investigação. Em segundo lugar, é necessária investigação sobre uma abordagem quantitativa para as novas soluções de robots de serviço. Por último, uma vez que este trabalho se limitou a estudar os pontos de vista da indústria, é necessário um estudo mais aprofundado sobre os pontos de vista dos clientes e de outras partes interessadas do sector do turismo.

Referências

Ambrosini, V., Bowman, C. e Collier, N. (2009), "Dynamic capabilities: An exploration of how firms renew their resource base", *British Journal of Management,* Vol. 20, pp. 9-24.

Barrett, M., Davidson, E., Prabhu, J. e Vargo, S.L. (2015), "Service innovation in the digital age: Key contributions and future directions", *MIS Quarterly,* Vol. 39 No. 1, pp. 135-154.

Baum, T. (2006), *Human Resource Management for Tourism, Hospitality and Leisure: An International Perspective,* Thomson, Londres.

Bharadwaj, A., Sawy E.I., O.A., Pavlou, P.A. e Venkatramam, N. (2013), "Digital business strategy: Toward a next generation of insights", *MIS Quarterly,* Vol. 37 No. 2, pp. 471-482.

Bhatt, G.D. e Grover, V. (2005), "Types of information technology capabilities and their role in competitive advantage: an empirical study", *Journal of Management Information Systems,* Vol. 22 No. 2, pp. 253-277.

Bilgihan, A., Okumus, F., Nusair, K., e Kwun, D. (2011), "Information technology applications and competitve advantage in hotel companies", *Journal of Hospitality and Tourism Technology,* Vol. 2 No. 2, pp. 139-154.

Bitner, M.J., Brown, S.W. e Meuter, M.L. (2000), "Technology infusion in service encounters", *Journal of the Academy of Marketing Science,* Vol. 28 No.1, pp. 138-149.

Bitner, M.J., Ostrom, A.L. e Meuter, M.L. (2002), "Implementing successful self-service technologies", *Academy of Management Executive*, Vol. 16 No. 4, pp. 96-108.

Brenner, W., Osterle, H., Petrie, C., Uebernickel, F., Winter, R., Karagiannis, D., Kolbe, L., Kruger, J., Plattner, H., Leifer, L., Lamberti, H.J., Leimeister. J.M., Schwabe. G. e Zarnekow. R. (2013), "The digital user as new design perspective in business and information systems engineering", *Business & Information Systems Engineering,* Vol. 6 No. 1, pp. 55-61.

Bruni, D.S. e Verona, G. (2009), "Dynamic marketing capabilities in science-based firms and exploratory investigation of the pharmaceutical industry", *British Journal of Management,* Vol. 20, pp. 101-117.

Chen, W.Z. (2011), "Smart robot industry development and strategy report", disponível em: http://www.pmc.org.tw/upload/files/R0/R02.pdf (acedido em 20 de novembro de 2014).

Chesbrough, H. (2011), "Bring open innovation to service", *MIT Sloan Management Review,* Vol. 52 No. 2, pp. 85-90.

Chin, Y.H., Lee. H.P., Su. C.W., Li. J.H., Lin. C.H., Wang. J.F. e Wang, J.F. (2014), "A framework design for human-robot interaction", *Advanced Technologies, pp.* 1043-1048.

den Hertog, P., van der Aa, W. e W. de Jong, M. (2010), "Capabilities for managing service innovation: Towards a concetual framework", *Journal of Service Management,* Vol. 21 No. 4, pp. 490-514.

DiPietro, R.B. e Wang, Y. (2010). "Key issues for ICT applications: Impacts and implications for hospitality operations", *Worldwide Hospitality and Tourism Themes,* Vol. 2 No. 1, pp. 49-67.

Edwards, W. (1971), "Social utilities", *Engineering Economist Summer Symposium, Series* 6: 119-129.

Frei, F.X. (2008), "The four things a service business must get right", *Harvard Business Review,* Vol. 86 No. 4, pp. 70-80.

Glaister, K.W. e Falshaw, J.R. (1999), "Strategic planning: still going strong?". *Long Range Planning,* Vol. 32 No. 1, pp. 107-16.

Gomezelj, D.O. (2016), "A systematic review of research on innovation in hospitality and tourism", *International Journal of Contemporary Hospitality Management,* Vol. 28 No. 3, pp. -

Gorle, P e Clive, A. (2013), "Positive impact of industrial robots on employment",

disponível em: http://www.ifr.org/uploads/media/Update Study Robot creates Jobs 2
013.pdf (acedido em 20 de novembro de 2014).

Gronroos, C. (2007), *Service Management and Marketing: A Customer Relationship Management Approach, 3rd ed.,* Wiley, Chichester.

Gronroos, C. e Ravald, A. (2011), "Service as business logic: Implications for value creation and marketing", *Journal of Service Management,* Vol. 22 No. 1, pp. 5-22.

Gryszkiewicz, L., Giannopoulou, E. e Barlatier, PJ. (2013), "Service innovation capabilities: What are they?" *International Journal of Services, Economics and Management,* Vol. 5 No. 1/2, pp. 125-147.

Haidegger, T., Barreto, M., Goncalves, P., Habib, M.K., Ragavan, S.K.V., Li, H., Vaccarella, A., Perrone, R. e Prestes, E. (2013), "Applied ontologies and standards for service robots", *Robotics and Autonomous Systems,* Vol. 61, pp. 1215-1223.

Ip, C., Leung, R., e Law, R. (2011), "Progress and development of information and communication technologies in hospitality", *International Journal of Contemporary Hospitality Management,* Vol. 23 No. 4, pp. 533-551.

Jacobides, M.G., Knudsen, T. e Augier, M. (2006), "Benefiting from innovation: Value creation, value appropriation and the role of industry architectures", *Research Policy,* Vol. 35 No. 8, pp. 1200-1221.

Johnson. M.W., Christensen, C.M. e Kagermann, H. (2008), "Reinventing your business model", *Harvard Business Review,* Vol. 86 No. 12, pp. 50-59.

Kim, J., Christodoulidou, N. and Brewer, P (2012), "Impact of individual difference and consumers' readiness on likelihood of using self-service technologies at hospitality settings", *Journal of Hospitality and Tourism Research,* Vol. 36 No. 1, pp. 85-114.

Kim, J., Christodoulidou, N. e Choo, Y. (2013), "Factors influencing customer acceptance of Kiosks at quick service restaurants", *Journal of Hospitality and Tourism Technology,* Vol. 4 No. 1, pp. 40-63.

Kindstrom, D., Kowalkowski, C. e Sandberg, E. (2013), "Enabling service innovation: a dynamic capabilities approach", *Journal of Business Research,* Vol. 66, pp. 1063-

1073.

Kokkinou, A. e Cranage, D.A., (2015) "Why wait? Impact of waiting lines on self-service technology use", *International Journal of Contemporary Hospitality Management,* Vol. 27 No. 6, pp. 1181-1197.

Krishnan, B.C. e Hartline, M.D. (2001), "Brand equity: Is it more important in services?", *Journal of Services Marketing,* Vol. 15 No. 5, pp. 328-342.

Kwak, H.J. e Park, G.E (2012), "Study on the mobility of service robots", *International Journal of Engineering and Technology Innovation,* Vol. 2 No. 2, pp. 97-112.

Lee, H.R. e Sabanovic, S. (2014), "Culturally variable preferences for robot design and use in South Korea", *Turkey and the United States, ACM,* pp. 3-6.

Lopez, J., Perez, D., Zalama, E. e Gomez-Garcia-Bermejo, J. (2013), "Bellbot - A hotel assistant system using mobile robots", *International Journal of Advanced Robotic Systems,* Vol. 10, pp. 1-11.

Lovelock, C.H., Patterson, P e Wirtz, J. (2015), *Services Marketing: An Asian-Pacific and Australian Perspective,* 6ª ed, Pearson, Melbourne.

Lusch, R.F., Vargo, S.L. e Wessels, G. (2008), "Towards a concetual foundation for service science: Contribuições da lógica dominante de serviço", *IBM Systems Journal,* Vol. 47 No. 1, pp. 5-14.

Mann, J.A., MacDonald, B.A., Kuo, I.H, Li, X. e Broadbent, E. (2015). "As pessoas respondem melhor aos robots do que aos tablets que fornecem instruções de cuidados de saúde", *Computers in Human Behavior,* Vol. 43, pp.112-117.

Mastrogivanni, F. e Sgorbissa, A. (2013), "A behavior sequencing and composition architecture based on ontologies for entertainment humanoid robots", *Robotics and Autonomous Systems,* Vol. 61, pp. 170-183.

Matthing, J., Sanden, B. e Edvardsson, B. (2004), "New service development: learning from and with customers", *International Journal of Service Industry Management,* Vol. 15 No. 5, pp. 479-498.

Melian-Gonzalez, S. e Bulchand-Gidumal, J. (2015), "A model that connects information technology and hotel performance", *Tourism Management,* Vol. 53, pp. 30-37.

Michel, S., Brown, S.W. e Gallan, A.S. (2008), "Service logic innovations: How to innovate customers, not products", *California Management Review*, Vol. 50 No. 3, pp. 49-65.

Nickson, D., Warhurst, C. e Dutton, E. (2005), "The importance of attitude and appearance in the service encounter in retail and hospitality", *Managing Service Quality*, Vol. 15 No. 2, pp. 195-208

Ottenbacher, M. e Gnoth, J. (2005), "How to develop successful hospitality innovation", *Cornell Hotel and Restaurant Administration Quarterly,* Vol. 46 No. 2, pp. 205-222.

Payne, A.F., Storbacka, K. e Frow, P (2008), "Managing the co-creation of value", *Journal of the Academy of Marketing Science,* Vol. 36 No. 1, pp. 83-96.

Powell, C. (2003), "The Delphi technique: myths and realities", Journal of Advanced Nursing, Vol. 41 No. 4, pp. 376-382.

Scherer, A., Wunderlich, N.V. e Wangenheim, F.V. (2015), "The value of self-service: Long-term effects of technology-based self-service usage on consumer retention", *MIS Quarterly,* Vol. 39 No. 1, pp. 177-200.

Teece, D.J. (2007), "Explicating dynamic capabilities: the nature and microfoundations of (sustainable) enterprise performance", *Strategic Management Journal,* Vol. 28, pp. 1319-1350.

Teece, D.J., Pisano, G. e Shuen, A. (1997), "Dynamic capabilities and strategic management", *Strategic Management Journal,* Vol. 18 No. 7, pp. 509-533.

Vargo, S.L. e Lusch, R.F. (2004), "Evolving to a new dominant logic for marketing", *Journal of Marketing,* Vol. 68 No. 1, pp. 1-17.

Vargo, S.L. e Lusch, R.F. (2008), "Service dominant logic: Continuing the evolution", *Journal of the Academy of Marketing Science,* Vol. 36 No. 1, pp. 1-10.

Wei, Y.L. (2013), "Skills Talent development for the next ten years of Taiwan", disponível em: http ://www2 .itis. org .tw/pubreport/pubreport detail. aspx?rpno=645 5801   5&chaptername=%E7%B5%90%E8%AB%96%E8%88%87%E6%94 %BF%E7%AD%96%E5%BB%BA%E8%AD%B0 (acedido em 30 de abril de 2016).

Wood, L.J., Dautenhahn, K., Rainer, A., Robins, B., Lehmann, H. e Syrdal, D.S. (2013), "Robot - Mediated interviews - how effective is a humanoid robot as a tool for interviewing young children?" *PLoS ONE,* Vol. 8 No. 3, e59448.

Zalama, E., Garcia-Bermego, J.G., Marcos, S., Dominguez, S., Feliz, R., Pinillos, R. e Lopez, J. (2014), "Sacarino, a service robot in a hotel environment", *Advances in Intelligent Systems and Computing,* pp. 3-14.

Apêndice A

Capacidade de desenvolvimento tecnológico

Pontos fortes	Classificação	Pontos fracos	Classificação
1. As escolas superiores de tecnologia e as organizações privadas gozam de boa reputação no domínio da investigação e desenvolvimento das TIC e da indústria de semicondutores.	1	1. A colaboração entre o meio académico e a indústria deve ser reforçada.	1
4. É fácil encontrar pessoal qualificado, como engenheiros de software e hardware, uma vez que Taiwan conta com muitos especialistas nos domínios da conceção de circuitos integrados electrónicos, da engenharia mecânica e da construção de motores e rolamentos.		3. As necessidades de robôs de serviço no sector da hotelaria não são claras e a maior parte das exigências são experimentais, pelo que os proprietários de estabelecimentos hoteleiros raramente estão interessados em investir neles.	
3. Taiwan possui competências maduras no domínio da robótica, com uma cadeia de abastecimento completa, capaz de desenvolver robôs de forma	3	2. Falta de competências e tecnologias essenciais.	3

independente.			
5. A investigação e o desenvolvimento académicos possuem um certo nível de capacidade tecnológica para produzir serviços	4	5. Os royalties elevados são o resultado da relutância em investir em robôs de serviço, uma vez que Taiwan tem vertido poucos recursos	4
robots.		para a investigação, o desenvolvimento e a inovação, enquanto a maioria das patentes é detida por empresas estrangeiras.	
2. As tecnologias da informação e da comunicação em Taiwan estão muito desenvolvidas, o que é útil para o desenvolvimento de robots de serviço.	4	4. Os proprietários de estabelecimentos hoteleiros não estão interessados no desenvolvimento de robots de serviço e não é oferecida formação em robots.	5
Oportunidades	Classificação	Ameaças	Classificação
1. O financiamento do governo é útil para melhorar a capacidade de investigação e desenvolvimento de robôs de serviço.	1	1. Os concorrentes da América, do Japão e dos países europeus têm níveis mais elevados de tecnologia de robots do que Taiwan.	1
2. Existe um bom potencial para integrar a indústria das	2	2. Se a procura de robots não aumentar, os fabricantes	2

TI e a indústria dos instrumentos de precisão.		abandonarão gradualmente o mercado, o mesmo acontecendo com o talento e o saber-fazer.	
4. Os desenvolvimentos internacionais positivos no domínio dos robôs de serviço estimularam os fabricantes de Taiwan a investir no negócio dos robôs.	3	3. A má conceção dos robôs de serviço torna-os pouco atractivos para os consumidores.	3
3. Aumento das oportunidades de emprego	4	4. Os países estrangeiros têm maior probabilidade de adotar robôs de serviço.	4
5. O aumento do número de empresas nacionais de componentes resulta numa diminuição dos custos de desenvolvimento de robots de serviço.	5		

Apêndice B

Capacidade de angariação de fundos

Pontos fortes	Classificação	Pontos fracos	Classificação
2. A indústria da robótica é uma indústria atractiva e potencialmente próspera que pode impulsionar a procura no mercado interno.		3. O financiamento não pode ser facilmente obtido porque o desenvolvimento atual de robôs não é significativo, o que reduz as intenções de investimento das empresas.	1
3. A abundância de financiamento governamental pode apoiar empresas de média e grande dimensão com uma variedade de projectos de investigação que aliviam o peso das despesas de investigação e desenvolvimento.	1	2. Os processos de desenvolvimento e produção de robôs são complexos e estão associados a elevadas barreiras à entrada e a baixos retornos do investimento.	2
1. Há muitos fundos privados para investir no sector da robótica	3	1. O mercado internacional da robótica é altamente competitivo e é difícil obter	3

		lucros.	
4. As capacidades de investigação e desenvolvimento das empresas podem ser aumentadas através do apoio financeiro do governo, de empréstimos bancários com taxas de juro mais baixas e da colaboração com diferentes indústrias, escolas, governos e organizações privadas.	4	5. Os proprietários do sector da hotelaria e restauração não têm capacidade ou planos para a introdução progressiva de robôs.	4
5. Os impostos sobre o funcionamento das empresas podem ser compensados pela regulamentação dos benefícios ao investimento, que poupam dinheiro às empresas.	4	4. As empresas de pequena e média dimensão não conseguem obter o financiamento necessário.	5
Oportunidades	Classificação	Ameaças	Classificação
3. Os últimos dois anos de	1	1. A intenção de	1

projectos de robôs inteligentes conduzidos pela empresa Hon Hai reforçaram o desenvolvimento da indústria robótica.		investimento não é suficientemente forte, uma vez que a escala do mercado de Taiwan é bastante pequena.	
1. A implementação de robôs de serviço pode aumentar gradualmente as oportunidades de emprego na indústria da robótica.	2	2. As empresas de pequena e média dimensão não dispõem de capital suficiente para o desenvolvimento de robots, pelo que não podem cobrir os custos das operações comerciais.	1
2. A utilização de robots é uma tendência mundial que atrai a atenção de investidores nacionais e internacionais.	3	3. A tecnologia de robôs em Taiwan está muito aquém da América, do Japão e da Coreia, uma vez que não existe uma política de apoio por parte do governo.	3
4. Os robots de serviço são uma boa ideia; os novos	3	4. A incapacidade de criar robôs com uma aparência	4

modelos de funcionamento das empresas e os novos instrumentos de marketing podem sustentar as operações das empresas a longo prazo, uma vez que podem facilmente obter capital de fundos de capital de risco.		elegante e com características fortes torna difícil competir com o Japão, a Coreia, os Estados Unidos e os países europeus cuja tecnologia de robôs está cerca de cinco anos à frente da de Taiwan.	
5. O governo promoveu a produção orientada para os serviços e os serviços tecnológicos, que promovem o desenvolvimento de robôs inteligentes.	3	5. Outros países, como a China e a Coreia, têm apoio governamental para a robótica e a automação, o que acelera o desenvolvimento da sua indústria.	5

<h1 align="center">Apêndice C</h1>
<h2 align="center">Capacidade de desenvolvimento de talentos</h2>

Pontos fortes	Classificação	Pontos fracos	Classificação
1. O sistema de ensino superior de Taiwan promoveu eficazmente o desenvolvimento de produtos robotizados, o que deu origem a muitos especialistas nos domínios da engenharia mecânica e eléctrica e das tecnologias da informação e da comunicação.		1. Não há suficientes oportunidades de emprego para a utilização de robôs, uma vez que a indústria da robótica em Taiwan se encontra numa fase preliminar.	
2. As recompensas pelo sucesso no desenvolvimento de robôs podem ser elevadas e podem ser alcançadas através da colaboração entre a indústria, as universidades e os institutos de investigação, uma vez que Taiwan estabeleceu uma boa		3. A política de desenvolvimento de robôs do governo não é clara, pelo que faltam financiamento e recursos para a colaboração e o desenvolvimento.	

reputação nestes domínios.			
3. Taiwan adquiriu gradualmente a capacidade de fabricar robots de alta qualidade.		4. Existe uma falta de interação entre a indústria e o meio académico, bem como um fosso entre as competências necessárias e as competências disponíveis.	
4. A ênfase na inovação de produtos e na investigação em Taiwan pode ajudar na aplicação de robôs de serviço e no desenvolvimento de patentes.		6. O valor dos robots não é bem reconhecido pela indústria.	
5. O desenvolvimento de talentos industriais é flexível, de modo a que possam ser canalizados recursos suficientes para a indústria da robótica.		2. O sector da hotelaria e restauração não está consciente do valor que os robôs podem oferecer.	
6. É possível prever um mercado para robôs de		5. A política educativa de Taiwan não é clara.	

serviço no sector da hotelaria em Taiwan, uma vez que este sector é próspero.			
Oportunidades	Classificação	Ameaças	Classificação
1. A concorrência prática na indústria da robótica em Taiwan criou oportunidades para a colaboração da indústria (por exemplo, Hon Hai) com o meio académico, promovendo assim o talento no domínio do desenvolvimento de robôs.		1. Concorrentes como a Coreia e a China têm vindo a adquirir gradualmente talentos no domínio do desenvolvimento de robôs.	1
2. A tendência para o aumento da robótica e da automatização inteligente aumenta as oportunidades de emprego no sector do fabrico de robôs.	1	4. O elevado custo do material didático para as aulas de robótica dificulta a angariação de fundos suficientes.	2
3. O aumento do fabrico de robôs em Taiwan exige pessoas capazes de integrar	3	2. A China e os países do Sudeste Asiático têm vindo a atrair agressivamente	3

sistemas com hardware e software para desenvolver robôs inteligentes de topo de gama.		talentos para o mercado mundial da robótica.	
4. As instituições de ensino têm-se concentrado gradualmente no ensino da robótica, uma vez que a colaboração entre a indústria e o mundo académico transformou significativamente o conhecimento e a aplicação dos robôs.	3	5. O desenvolvimento de robôs de serviço em Taiwan enfrenta a concorrência do Japão, da Coreia e da China, todos eles com tecnologia avançada.	4
5. O governo de Taiwan apoia a colaboração industrial e académica e as actividades de estágio.	5	3. As pequenas e médias empresas não têm intenção de investir em negócios de robótica porque não têm poder para desenvolver tecnologia inovadora devido às actuais limitações do desenvolvimento de robôs.	5

I want morebooks!

Buy your books fast and straightforward online - at one of world's fastest growing online book stores! Environmentally sound due to Print-on-Demand technologies.

Buy your books online at
www.morebooks.shop

Compre os seus livros mais rápido e diretamente na internet, em uma das livrarias on-line com o maior crescimento no mundo! Produção que protege o meio ambiente através das tecnologias de impressão sob demanda.

Compre os seus livros on-line em
www.morebooks.shop

Printed by Books on Demand GmbH, Norderstedt / Germany